DE LA FERRURE

DES

CHEVAUX

OU

MOYENS D'ÉVITER LE RESSERREMENT

ET QUELQUES AUTRES

ALTÉRATIONS DU PIED,

Par GUEUDEVILLE,
Capitaine au 6e cuirassiers, officier de remonte
à Auch.

AUCH

MERIE ET LITHOGRAPHIE FÉLIX FOIX, RUE BALGUERIE.

1861

DE LA FERRURE

DES

CHEVAUX

OU

MOYENS D'ÉVITER LE RESSERREMENT

ET QUELQUES AUTRES

ALTÉRATIONS DU PIED,

Par GUEUDEVILLE,

Capitaine au 6e cuirassiers, officier de remonte
à Auch.

AUCH

IMPRIMERIE ET LITHOGRAPHIE FÉLIX FOIX, RUE BALGUERIE.

1861

DE LA

FERRURE DES CHEVAUX.

AVANT-PROPOS.

Le but de ce travail est d'arriver à conserver pendant toute la vie du cheval les différentes parties du pied dans leurs dimensions et dans leurs formes naturelles.

Le général Morris écrivait, il y a peu d'années :
« Le pied d'un cheval qui n'a jamais été ferré ne
» ressemble guère à celui que l'on ferre depuis
» longtemps; il nous reste encore beaucoup à ap-
» prendre sur cette matière. »

En voyant arriver en France (1859) des régiments montés en chevaux d'Afrique, des hommes du métier ont dit et beaucoup d'autres ont répété : « Leurs pieds ne résisteront pas dans ce pays. » — Cependant, les pieds des chevaux allemands y résistent; ces derniers sont-ils mieux organisés pour les pays secs et chauds du midi de la France? — Il est évident que si les pieds gros et gras du Nord résistent mieux en France que ceux d'Afrique, c'est, à n'en pas douter, qu'on sait mieux ferrer les uns que les autres, et que le système de ferrure ou mieux la manière de tailler la corne des pieds aux uns ne convient pas aux autres. *Chacun doit être chaussé selon son pied.*

Le pied du cheval du Midi, d'un tissu plus serré que celui du cheval allemand, peut et doit se conserver un jour en France aussi bien que ce dernier.

On remarquera dans les pages suivantes que nous nous sommes éloigné de la routine, cela tient à ce que nous avons beaucoup plus étudié dans les faits que dans les livres, sur différentes espèces et en différents pays.

On trouvera aussi que la ferrure proposée ne

TABLE DES MATIÈRES.

Pages.

A la page 71, 6e ligne, nous avons renvoyé aux pages 30 et 40 par erreur.—Voyez, à la place, page 66.

convient pas à tous les chevaux; en effet, elle ne convient guère qu'aux pieds ordinaires; mais les pieds exceptionnels, aujourd'hui très nombreux, deviendront de plus en plus rares, lorsqu'on adoptera une ferrure plus conservatrice.

A notre avis, les moyens employés pour protéger le pied du cheval ne sont pas toujours assez d'accord avec la nature.

Le resserrement des pieds signalé dans ce travail est si répandu dans certaines espèces de chevaux, et en même temps si facile à prévenir, qu'en présence de ces considérations et des services que rend le cheval, tout cavalier, etc., doit se faire un devoir de travailler, dans la limite de ses moyens, à découvrir le remède. C'est pour m'acquitter de cette tâche que je me suis décidé à publier le résultat de mes recherches, je le fais avec d'autant plus d'empressement qu'il s'agit de défendre des chevaux français accusés peut-être un peu légèrement d'un défaut qui provient plutôt du fait des hommes que d'un vice inhérent à la nature du cheval.

J'ai la certitude que mes chevaux n'éprouveront jamais de resserrement aux pieds. — Mon exposé va se borner à rappeler ce qui se fait et ce qui en résulte; à indiquer les moyens que j'emploie et ce que j'obtiens.

La lecture de cet opuscule permettra à tout propriétaire d'un cheval de combattre la routine et les prétentions de certains maréchaux, toujours prêts à répondre aux observations d'un client : « J'en ai ferré d'autres que votre cheval. »

En considération de l'importance des aplombs, je terminerai ce travail par un article étranger à la ferrure, il sera intitulé : *Un mot sur les aplombs à l'écurie.*

NOTIONS SUR LE SABOT DU CHEVAL.

Voir les figures à la fin de ce travail.

Pour bien apprendre à connaître le sabot du cheval, il est presque indispensable de commencer par un pied ordinaire, sain, vivant ou mort, mais non desséché, et qui, autant que possible, n'ait jamais été ferré. A défaut d'un pied dans ces bonnes conditions, il faut en choisir un non resserré, ni creusé, et l'étudier déferré.

Le souvenir des parties d'un sabot à l'état de nature est le meilleur guide pour juger du degré d'altération des pieds qui ont perdu leurs qualités natives.

Le sabot du cheval est un tissu de corne dont les trois parties principales, la paroi ou muraille, la sole et la fourchette, constituent un ensemble protégeant suffisamment sur un sol naturel les parties sensibles du pied, tout en permettant certains mouvements qui sont d'autant plus développés qu'on se rapproche davantage des parties postérieures, et que le sabot a moins éprouvé de resserrement dans sa largeur mesurée d'un quartier à l'autre.

Sans entrer dans tous les détails de la description, il est bon, pour l'intelligence de ce qui va suivre, de faire connaître les parties principales du sabot : *La muraille* ou paroi est la corne entourant le pied; on nomme *pince* sa partie inférieure et antérieure; les *mamelles* sont situées de chaque côté de la pince, les *quartiers* viennent ensuite, puis les talons. — *La sole* est la partie du dessous du pied entourée par la muraille; elle se termine en arrière par deux pointes entre lesquelles existe une échancrure en forme de Λ renversé remplie par *la fourchette.* — On nomme *lacunes du sabot* les rainures profondes qui existent sur les côtés de la fourchette. — *Les talons* sont constitués par les plis renforcés que la muraille forme sur les pointes de la sole. — *Les arcs-boutans* ou barres sont les prolongements de la muraille qui, après s'être reployés sur les pointes de la sole, longent les bords internes de cette dernière et les consolident. — Cette disposition, qui fait aux talons une double muraille, en explique la force dans les pieds bien conservés. Il convient d'ajouter que d'autres causes donnent à la corne des talons plus de tenacité qu'ailleurs, ce qui fait qu'on ne les voit jamais se dérober.

Nous disons que l'arc-boutant peut être considéré comme un prolongement de la muraille, parce que, à l'intérieur du sabot, il présente dans une étendue de vingt-cinq millimètres environ un tissu feuilleté comme dans le pli du talon et à la face interne de la paroi, tandis qu'à l'extérieur, vers les talons, on remarque que la corne des arcs-boutants est fibreuse; mais, comme elle ne descend pas de la couronne, elle est moins liée par le gluten, et conséquemment plus cassante que la corne de la muraille.

On sait que le volume du sabot doit être proportionné au volume du cheval, et qu'il est bon que la corne soit noire, unie et luisante.

Le dessous du pied du cheval de race est naturellement concave. La concavité peut augmenter par le fait de la diminution de la fourchette, par l'atrophie des arcs-boutants, par l'excès de hauteur des talons, etc.

On reconnaît le pied plat à la direction de la corne plus ou moins inclinée en pince et au défaut de concavité de la sole.

Le sabot d'un cheval qui n'a jamais été ferré est large et fort en talons; la fourchette est large à sa base et les arcs-boutants sont biens dessinés, d'où résulte un bon appui (1).

Le derrière du pied a pour base une voûte avec ses piliers (les talons), ses arcs (les arcs-boutants), sa clé (la fourchette). Dans l'état normal, les trois parties de cette voûte ont une certaine mobilité ou élasticité; les arcs et la fourchette s'affaissent un peu dans l'appui du pied et font ensuite ressort, ce qui, aux allures vives, diminue l'effet de la réaction produite par le choc du pied sur le sol, et dispose le membre à s'enlever de nouveau.

Il a été dit plus haut que le sabot du cheval pro-

(1) Les exceptions ne se trouvent guère que parmi les chevaux élevés à l'écurie ou dans des marais.

tége efficacement les parties sensibles du pied sur un sol naturel, mais il devient insuffisant sur le sol artificiel de nos routes.

Dans les pieds ordinaires, les parties du sabot qui se dégradent les premières par la marche à pieds nus sont les mamelles; il en est de même dans les pieds ferrés qui se dérobent, et les parties qui résistent le mieux sont les talons; ils forment deux piliers qui, avec les quartiers, semblent destinés à supporter l'appui le plus fort. L'usure du fer, souvent plus prononcée en pince, doit être attribuée au frottement, c'est-à-dire au poser et au lever.

Pour le dessous du pied, voyons ce qui se passe dans la nature, *car c'est toujours à elle qu'il faut avoir recours pour découvrir la vérité.* Prenons un cheval d'espèce légère (tout ce qui n'est pas de gros trait), qui n'ait jamais été ferré, et qui ait marché de manière à n'avoir les pieds ni longs ni courts; le pied étant levé on remarquera : 1° que c'est la circonférence qui porte le plus sur le sol; 2° que la sole est légèrement concave, surtout vers la pointe de la fourchette; 3° que le bord externe de la sole est de niveau avec le bord inférieur de la muraille; 4° que la partie de la sole qui a porté sur la terre va en s'élargissant des talons à la pince, où les points d'appui ont, particulièrement aux pieds de derrière, jusqu'à trois centimètres de largeur mesurée entre la pointe de la fourchette et la pince. A partir d'un à deux centimètres de l'angle des talons, l'arc-boutant, devenant d'une nature écailleuse, est d'autant moins élevé qu'on avance davantage dans la direction de la pointe de la fourchette; celle-ci, large à sa base, arrive presque au niveau inférieur des talons; elle ferme plus ou moins les deux lacunes ou rainures du pied par ses prolongements qui entourent les talons et leur donnent la figure de la base d'un cœur (1). Ces prolongements, épanouis sur l'angle des talons qu'ils lubrifient, se rétrécissent ensuite, et remontent pour former *le périople* (petite bande de corne grasse d'environ un centimètre de largeur), qui se confond avec le biseau ou bord supérieur de la muraille. Pour le bien distinguer, il faut faire

(1) Forme qu'on retrouve rarement dans les chevaux ferrés depuis plusieurs années.

macérer le sabot, ou l'étudier sur un pied vivant qui aura séjourné dans un lieu humide.

Le périople a quelque analogie avec une bride à sabot d'homme, laquelle, s'attachant au talon, viendrait en se rétrécissant passer sous le coude-pied.

DESCRIPTION D'UN FER ORDINAIRE.

On distingue dans le fer à cheval :

Deux branches, l'une interne et l'autre externe.

Deux faces, l'une supérieure et l'autre inférieure.

Deux rives, l'une interne et l'autre externe.

La pince, qui répond à la partie portant le même nom dans le sabot du cheval.

Les mamelles de chaque côté de la pince.

Les éponges sont les extrémités du fer.

Les étampures sont les trous destinés à recevoir les clous; leur tête doit s'y loger en grande partie.

On nomme voûte du fer la partie de la rive interne qui correspond à la pince.

L'ajusture est la convexité de la face inférieure du fer en pince, ou sa concavité à la face supérieure.

Le fer découvert ou dégagé est celui dont les branches sont étroites.

Le fer à éponges tronquées ou en croissant est celui dont les branches sont assez courtes pour laisser de deux à quatre centimètres de talons à découvert (inférieurement).

Les autres fers qu'on appelle : fers à caractères ou méthodiques, pathologiques, etc., ne devant être employés que pour les pieds malades et les pieds défectueux, leur application doit être réservée à la thérapeutique vétérinaire.

OBSERVATIONS GÉNÉRALES SUR LE FER.

Tout fer se rapprochant du fer ordinaire indique aussi, à première vue, un pied ordinaire.

Tout fer méthodique ou exceptionnel attire les regards et indique un pied malade ou défectueux.

Le meilleur fer pour les pieds ordinaires est celui qui garantit convenablement la muraille et permet au pied l'usage complet de ses fonctions.

Pour réunir ces conditions, il faut au fer quatre qualités principales : 1° une tournure convenable pour le pied; 2° les étampures vers la pince; 3° la force; 4° la légèreté. Avec une tournure convenable et une épaisseur ou force suffisante, la paroi sera protégée; les clous, fixés en avant, laissent plus de liberté aux talons. Les deux dernières qualités ne peuvent exister ensemble qu'autant que le fer sera découvert (branches étroites). Le fer découvert empêche que le sabot ne soit un réservoir pour la fange, surtout si le pied n'a pas été creusé; ce fer est moins lourd; il permet à la fourchette, aux arcs-boutants et à la sole l'usage de leurs fonctions, si toutefois, ces parties ont été laissées intactes, ce qui n'est pas assez admis en pratique.

Pour le gros trait, le fer doit être épais, mais il serait bon qu'il fût découvert aussi, excepté pour les pieds plats.

Quant à l'ajusture, dès la première ferrure, elle doit être en rapport avec l'usure du pied, et ensuite avec l'usure du vieux fer (il n'est pas question des pieds malades).

La face supérieure du fer n'étant pas visible dans le pied ferré, il convient d'appeler l'attention sur cette partie, laquelle n'est pas toujours l'objet d'assez de soins. Dans l'action de *rebattre le fer*, la face inférieure devient très unie, pendant que l'autre face, qui s'applique sur la corne, ne l'est généralement pas assez. Il serait bon que les parties non étampées des branches fussent rebattues à l'inverse de la partie étampée, c'est-à-dire que l'on frappât sur la face inférieure; de cette façon la face supérieure du fer présenterait aux talons une surface bien unie sur laquelle ils pourraient facilement glisser et se dilater.

Il est également utile de chanfreiner l'angle supérieur de la rive interne du fer, afin que la sole ne soit jamais exposée à faire appui sur cet angle.

Les fers méthodiques sont beaucoup trop multipliés. La théorie de l'école de maréchalerie de Saumur compte vingt-huit sortes de fers utiles dont sept peu usitées. Vingt-huit sortes de fers non compris les fers pathologiques!

La théorie est très compliquée pour l'intelligence des ouvriers chargés d'en faire l'application; il serait à désirer qu'on essayât moins d'apprendre à guérir des maux qu'on peut éviter, et *qu'on s'at-*

tachât davantage à ferrer tout simplement pour conserver les pieds tels que la nature les a faits. En effet, tous ces modèles de fers, qui doivent rectifier la nature, et remédier à une foule d'altérations du pied, n'ont pas empêché le vétérinaire d'un régiment d'avoir eu à traiter cinquante seimes pendant l'été de 1858. La sécheresse exceptionnelle de l'année 1858 a contribué à ces affections; mais comme les chevaux à pieds nus n'ont jamais de seimes, on doit attribuer la principale cause du mal au resserrement des pieds et à l'affaiblissement des quartiers, deux cas ordinairement produits par un système de ferrure qui n'est pas assez hygiénique.

Les vingt-huit sortes de fers cités n'empêchent pas que l'encastelure ne cause, en France, un dommage assez grave à une grande partie de la gendarmerie. J'ai visité beaucoup de résidences de gendarmerie dans le midi, j'y ai trouvé environ les trois cinquièmes des chevaux affectés de resserrement aux pieds de devant. Ce qui m'a surtout porté à donner place ici à ces quelques lignes, c'est la pensée que les cavaliers de cette arme payent leurs montures, et que, avec les soins constants qu'ils leurs prodiguent, on verrait dans la gendarmerie des chevaux prolonger leurs services jusqu'à l'âge de vingt à vingt-cinq ans s'ils étaient ferrés *avec moins d'art.* Des maréchaux appliquent aux pieds des chevaux des gendarmes ce qu'ils appellent une ferrure du luxe; ils leur font *des petits pieds bien dégagés.*

Il existe un fer exceptionnel qui produit souvent de bons résultats: *c'est le fer en croissant ou à éponges tronquées et incrustées aux talons.* Ce fer peut être appliqué utilement dans plusieurs cas. On l'emploie ordinairement comme remède. Il serait à désirer qu'il fût aussi employé quelquefois comme fer hygiénique. Il favorise l'élargissement des parties postérieures du pied et leur donne le moyen de se fortifier. Ce fer a l'inconvénient de permettre aux talons de s'user pendant que la pince s'allonge par l'effet de la croissance. On y remédie en renouvelant fréquemment la ferrure pour remettre le pied dans son aplomb.

Pour les pieds en voie de resserrement, on fait quelquefois usage du *fer à pantoufle*; c'est celui dont les éponges ont la rive interne plus épaisse que la rive externe. Ce fer favorise le mécanisme du pied. Il a l'inconvénient de porter le maréchal à trop parer les arcs-boutants (sous la rive interne de l'éponge). — Dans ces sortes de pieds, il est préférable d'employer : le *fer en croissant*, ou, si la nature de la corne le permet, le *fer en deux pièces*, page 79.

CLOUS DU FER A CHEVAL,

Certaines Boiteries, Première Ferrure du Poulain.

Les clous jouent un rôle très important dans la ferrure; non-seulement ils servent à attacher le fer, mais après l'abus du boutoir (ou du rogne-pied) qui produit le plus grand mal, c'est généralement aux clous qu'on attribue le plus d'effet dans le resserrement du pied.

Le pied du poulain est très élastique, le fer ne l'est pas ; il faut pourtant qu'ils marchent rivés ensemble. Les clous qui fixent le fer permettent-ils au pied de conserver sa dilatation dans l'appui ? Non si les clous étaient brochés sur les parties mobiles du pied ; car la place naturelle des clous est dans la partie la plus immobile du sabot. La mobilité du pied est à peu près nulle en avant, elle augmente progressivement en allant en arrière, et elle n'est prononcée que vers les talons. D'ailleurs, les clous nécessaires à l'attache d'un fer de devant peuvent être fixés facilement sur la moitié antérieure du sabot, les clous de la pince serrés, les derniers du côté des talons moins serrés et à lame plus déliée ; alors la dilatation postérieure du pied s'étend, à très peu de chose près, à toute la partie mobile du sabot, et la présence des clous ne peut plus produire qu'une gêne de peu d'effet.

La dimension du clou n'est pas sans importance; on doit donner la préférence aux clous à lame déliée (1), parce que la lame forte oppose plus de résistance à la dilatation du pied, et que le clou pénètre dans la corne en la divisant; il entre comme un coin dans une pièce de bois. Dans un sabot desséché on peut remarquer une fente à chaque trou de clou.

Sur le sabot vivant, un clou à lame forte, broché gras et haut, si l'on a surtout abattu beaucoup de pied, doit presque infailliblement produire une boiterie, dont la cause est sans doute un refoule-

(1) D'après des praticiens, le clou à lame déliée ne peut être qu'en bon fer.

ment sur la chair cannelée d'une parcelle de corne qui aura cédé intérieurement au passage de ce clou. Je suis disposé à croire que ce qu'on nomme *un clou trop serré* peut aussi quelquefois être produit par ce refoulement et donner lieu à confusion.

Nous avons été témoins des déceptions qu'éprouvent les éleveurs qui présentent à la vente de jeunes bêtes ferrées pour la première fois avec des clous à lame forte, brochés gras surtout si le pied a été trop raccourci. Le cheval n'avait jamais boité, mais l'appui est devenu douloureux, l'animal ne peut être accepté... ! Ainsi, à la première ferrure surtout, il ne faut pas abattre trop de pied, et il est bon de brocher un peu bas et d'employer des clous à lame déliée. A ces conditions, si le fer est léger, bien découvert, et attaché par cinq ou six clous fixés en avant, le poulain marchera avec la même aisance qu'avant d'avoir des fers aux pieds.

EXAMEN DE LA FERRURE DES CHEVAUX.

En examinant les divers moyens d'appliquer le fer sous le pied du cheval, j'ai cru remarquer qu'en France l'*art* joue un trop grand rôle et que la mode et la routine exercent une influence funeste, lorsqu'elles portent l'ouvrier à réduire les dimensions du pied sans tenir compte des exigences de la nature.

Le pied du cheval est trop souvent considéré comme une matière inerte qu'un habile ouvrier peut tailler à sa fantaisie. On oublie que ce pied possède les trois facultés principales de l'existence animale : *la sensibilité, la chaleur et le mouvement.* Le pied du cheval doit être traité comme tout organe vivant, et l'on doit avoir constamment en vue la pensée de ne pas nuire à l'exercice normal de ses différentes parties.

Tout en reconnaissant la mauvaise influence de la ferrure, on se contente de répéter : *la ferrure est un mal nécessaire.* La ferrure est *nécessaire* pour les chevaux qui travaillent sur les routes empierrées et dans des lieux très humides. La ferrure n'exercerait pas une bien grande influence sur le resserrement du sabot si, en protégeant la muraille, elle laissait aux autres parties du pied leur force naturelle.

Sous le rapport des aplombs, l'inconvénient de la ferrure a son importance, le fer ne permettant pas au sabot de s'user à mesure qu'il opère sa croissance et qu'il s'allonge (toujours en avant de la direction du membre), il est évident qu'avec le fer, l'aplomb naturel du sabot ne peut exister rigoureusement d'une manière permanente. Lorsque des talons bas viennent s'ajouter à cette disposition, l'animal se trouve prédisposé à la nerf-ferrure, à l'effort de tendon et à l'irritation des gaînes des tendons postérieurs.

Les progrès de la ferrure sont dirigés plutôt en vue de l'*art mal compris* qu'en faveur de la conservation du pied. Le fer n'étant utile que pour protéger la muraille (1), le maréchal devrait s'occuper spécialement de cette muraille et de la partie de la sole qui s'unit à elle. Ici, deux cas se présentent :

1° Le marchand de chevaux, ne s'occupant que de la vente, veut un pied bien paré, léger et surtout *dégagé*. (Voir ce mot, page 34.)

2° Le propriétaire et tous ceux qui usent du cheval, désirant obtenir de bons et de longs services, doivent s'occuper des moyens à employer pour conserver l'animal.

Dans quel sens le maréchal opère-t-il? Malheureusement, le plus souvent, il adopte l'idée du marchand. C'est pourquoi la ferrure est généralement impuissante pour conserver dans leurs dimensions naturelles les pieds des chevaux de sang ou d'espèce. Beaucoup de maréchaux prétendent qu'ils travaillent à élargir les talons, et, après un certain nombre d'années de ferrure, le cheval a les talons plus étroits que la première fois qu'on l'a ferré!

(1) Il ne s'agit que des pieds ordinaires.

Lorsque par suite du défaut d'exercice du poulain ou de la ferrure qu'on lui a appliquée prématurément, etc., il se trouve des talons et des quartiers faibles, on voit presque toujours le mal augmenter, et le pied s'éloigner de plus en plus de sa forme primitive; alors les seimes, les bleimes arrivent, on s'aperçoit qu'on a un mauvais cheval pour le service, et au lieu de rechercher la véritable cause, on rejette la faute sur les défauts attribués à l'espèce. Dans ce cas, un moyen de diminuer le mal ou de l'arrêter à son début consisterait à ne pas râper ces quartiers et ces talons faibles, et à les faire porter carrément sur le sol ou sur le fer; *toute partie vivante se fortifie par un travail modéré et s'affaiblit par un repos forcé.*

Pour la conservation des pieds, la difficulté consiste à vaincre la routine de certains maréchaux. Ils opposent aussi leurs prétentions, et ils se donnent la satisfaction de ce qu'ils appellent *dégager le pied*, ce qui signifie : *le creuser en enlevant en grande partie la fourchette et les arcs-boutants;* de là découlent presque tous les inconvénients cités.

Les pieds un peu plats avec la ferrure usuelle se conservent mieux que les pieds bien conformés, parce que les maréchaux se trouvent dans l'impossibilité de les creuser.

Pour protéger le pied du cheval sur les routes empierrées et sur le pavé des villes, on a reconnu qu'il suffit que le bas de la muraille soit garanti par le fer. C'est sans doute ce qui a porté les Anglais à adopter un fer moins couvert que le nôtre, pendant que les Turcs, dans leur ignorance, continuent d'attacher sous le pied de leurs montures une plaque en fer trouée au milieu.

En Provence, on attache aux sabots des mulets des fers lourds et souvent deux fois larges comme le pied. Ces fers surchargent les membres et nécessitent l'emploi de gros clous qui contribuent à dégrader la corne. Nous préférons la ferrure ordinaire appliquée aux pieds des belles mules de Malte et autres.

Un grand nombre de chevaux d'espèce légère éprouvent du resserrement aux pieds de devant (1),

(1) Les exemples de resserrement aux pieds de derrière sont rares.

la principale cause est généralement attribuée aux clous du fer qui limitent la dilatation du pied dans l'appui. Par conséquent le mal serait sans remède, car il est admis qu'on ne peut guère fixer le fer sans clous, et que sur nos routes les chevaux doivent être ferrés.

Les clous sont-ils bien la principale cause du mal ? Les faits suivants indiquent qu'ils ne sont qu'une cause accessoire. — Les pieds commencent à se resserrer précisément où il n'y a pas de clous; les Turcs placent des clous plus en arrière que nous, et nous n'avons remarqué chez eux ni encastelure, ni talons serrés proprement dits. — Dans le midi de la France, pays des petits pieds, on trouve chez les habitants de la campagne beaucoup de vieux chevaux avec des pieds conservés. Nous croyons avoir remarqué que cela tient à ce que, dans les métairies, les pieds sont plus souvent en contact avec l'humidité, et à ce qu'ils sont parés avec moins d'*art* que dans les régiments et dans beaucoup de villes, c'est-à-dire qu'ils sont moins creusés, et que beaucoup de maréchaux font une incision qui prolonge en arrière les deux lacunes du sabot Le bas des talons n'est plus alors aussi bien maintenu par les prolongements aplatis de la fourchette (1); les angles des talons se trouvent émoussés à la partie interne, et ne prennent plus la forme des deux extrémités d'un arc se rapprochant comme pour comprimer la base de la fourchette. Celle-ci, laissée forte, peut s'élargir et concourir à l'élasticité du pied. L'élasticité est non-seulement de la plus haute importance pour le pied, mais elle ne l'est pas moins pour la conservation des membres; pour se convaincre de son utilité sous ce dernier rapport, il suffit de remarquer, d'une part, le prompt développement des tares chez la plupart des chevaux qui trottent sur le macadam par les temps secs; et d'autre part, la disposition des articulations des boulets et des genoux à prendre des directions vicieuses lorsqu'elles ont pour base un pied resserré.

Terminons cet article par un mot sur la garniture. On dit et l'on répète : « la garniture met » le pied à l'aise, elle fait élargir les talons; un fer

(1) Dans le jeune âge, ces prolongements embrassent les talons.

» large est comme une botte large, le pied s'y » trouve bien. » Cette comparaison d'un fer à cheval large avec une botte large n'est pas suffisamment justifiée. Le pied de l'homme n'est pas comprimé dans une botte large, pendant que dans plusieurs cas, cités plus bas, le fer très large peut comprimer le pied du cheval.

CONTRADICTIONS EN MARÉCHALERIE.

Etant donné un pied de cheval dont la muraille (corne entourant le pied) a besoin de la protection d'un fer pour résister aux routes empierrées, le maréchal garnit le bas de cette muraille avec le fer à cheval, mais à une condition: c'est qu'il taillera, qu'il affaiblira les parties du dessous du pied que le fer ne doit pas couvrir.

Le savant et l'ignorant diront: en effet, on ne conçoit pas qu'en mettant du fer seulement sous la moitié du pied, on enlève la corne dure qui doit protéger l'autre moitié. Si l'on n'y met pas de fer, on devrait au moins y laisser la corne. L'amateur répondra: cela se pratique ainsi, c'est l'usage. Ce n'est pas ici l'ouvrier qui a le plus grand tort. L'amateur et le marchand de chevaux lui ont dit: Faites *des pieds propres*, *des petits pieds bien dégagés*, et l'ouvrier en a pris l'habitude, et comme le marchand et l'amateur, il a perdu de vue l'idée conservatrice et le travail simple qui s'accorde avec la nature. Il fait de l'*art*, il travaille à la mode ; mais il agit au détriment du cheval.

Lorsque la fourchette est saine et qu'elle porte un peu sur le sol, elle se recouvre d'une forte couche de corne dont la superficie devient très dure et forme un bouclier résistant au contact des pierres. Le maréchal enlève cette couche protectrice et ne laisse souvent qu'une couche mince et molle, adhérente à la chair ; c'est, dit-il, pour que la fourchette ne soit pas meurtrie par les pierres !...

Les maréchaux recommandent de tenir le pied du cheval propre, et ils le creusent jusque sous les trois quarts d'un fer à branches trop larges, ce qui fait du pied une sorte de réservoir pour la fange.

Beaucoup de personnes prétendent que la garniture fait élargir le pied, et, souvent après quelques années de ferrure, le pied est devenu plus étroit que le premier jour qu'on l'a ferré. — La garniture a son utilité dans les trois cas cités page 61.

L'ouvrier a besoin d'une bonne muraille pour brocher les clous, et il la dégrade souvent par trois moyens : en la râpant fortement, en la chauffant trop longtemps, et parfois en ne faisant porter le fer que sur l'angle inférieur de la paroi, ce qui est une cause des pieds dérobés.

Un cheval a-t-il les boulets postérieurs trop inclinés ? Sous prétexte qu'il est pinçard, on lui taille les talons à fond, et naturellement le mal augmente. — Les poulinières et les jeunes animaux qui ont les pâturons postérieurs trop inclinés font appui en talons ; mais dès que les fatigues se font sentir, les tendons de soutien ne peuvent résister, le pied se redresse, et il devient pinçard d'autant plus promptement qu'on pare davantage la corne des talons.

PIEDS ENCASTELÉS.

Fig. 3.

« *Un cheval qui a de mauvais pieds est un mauvais cheval.* »

Les altérations des pieds ferrés, surtout chez les chevaux d'espèce, sont souvent en rapport avec le nombre d'années de ferrure du cheval.

Pour reconnaître le mal à première vue, le meilleur moyen consiste à se placer derrière le cheval et à comparer les pieds de derrière aux pieds de devant; ces derniers doivent être *les plus larges.*

La routine et la mode portent le maréchal à diminuer la force de la fourchette, de la sole et des arcs-boutants. Qu'en résulte-t-il? A mesure que les arcs et la clé de voûte du sabot sont enlevés par le boutoir, la nature rapproche les deux piliers (les talons); ils deviennent en même temps plus forts, ils envahissent en partie les points postérieurs occupés précédemment par la fourchette, la voûte est alors plus haute, plus étroite, et elle devient à peu près immobile. (*Voir des pieds encastelés, dits pieds de mulet ou pieds mulâtres.*)

Le resserrement en talons se produit aussi parfois, même avec des pieds larges en avant, ils deviennent alors rétrécis en arrière et un peu allongés. Dans ce cas, les quartiers et les talons sont faibles; la fourchette longue et étroite à sa base a quelquefois changé sa forme en V pour prendre la forme d'un grain de seigle, et les arcs-boutants sont presque atrophiés. Ces pieds pourraient être dits : *pieds en huîtres* (pour le contour).

Ces sortes d'altérations que l'on pourrait prévenir sont une source de boiteries, de bleimes, de seimes, de fourchettes échauffées, d'aplombs faussés, etc.

Les talons des pieds d'un cheval de trois ans et au-delà qui n'a pas été ferré présentent par leurs contours la forme de la base d'un cœur; dans les pieds qui viennent d'être cités, cette base ayant pris une forme pointue, on peut juger par cette transformation toute l'étendue de l'altération produite alors par la ferrure.

CAUSES DE RESSERREMENT

DES

Pieds des Chevaux.

La cause principale, c'est que le maréchal enlève trop de corne sur les points où le fer ne porte pas, ce qu'il appelle : *dégager le pied.*

A cette cause majeure, on peut ajouter les nombreuses causes secondaires ci-après :

1° Le défaut d'exercice du poulain dans ses premières années;

2° La ferrure appliquée au poulain avant le complet développement du pied;

3° La présence des clous du fer;

4° La concavité du fer lorsqu'elle existe d'un côté à l'autre (fer en bateau);

5° La sécheresse de la température;

6° Le fer chaud tenu trop longtemps sur le pied;

7° La râpe passée sur les quartiers;

8° L'excès de hauteur des talons;

9° Les fers trop couverts;

10° Les étalons atteints d'encastelure.

INDICATION DES MOYENS PRÉVENTIFS DU RESSERREMENT DES PIEDS DES CHEVAUX.

En examinant dans l'ordre indiqué ci-dessus l'énumération des causes de resserrement, on trouve d'abord la cause capitale nommée : *dégager le pied.* — Pour la faire disparaître, il suffit de parer le pied à plat, et seulement à la place du fer.

Dans les diverses causes secondaires, on remarque :

1° *Le défaut d'exercice du poulain* dans ses premières années. L'exercice est indispensable au développement régulier de tout organe.

2° *La ferrure des poulains* avant le développement complet du pied. Le fer, gênant plus ou moins la dilatation du sabot, est évidemment nuisible à sa croissance; autrement, comment expliquer que des chevaux de quatre ans aient des talons serrés, les dimensions du pied insuffisantes ou irrégulièrement diminuées, alors que l'animal grandit encore et qu'il augmente de volume ?... Chez le poulain, le fer est aussi une cause de suros et d'autres accidents par suite des blessures qu'il peut se faire avec les fers sur ses tissus encore tendres. — Ainsi, à moins d'urgence, il est important d'attendre pour ferrer définitivement un poulain que le pied ait acquis un développement suffisant.

3° *La présence des clous du fer* limite la dilatation du pied dans l'appui. — En diminuant le nombre des clous lorsqu'il y a lieu (page 63) et en perçant les étampures autant que possible vers la pince, on diminue le mal, lequel peut aussi être compensé plus ou moins par le moyen indiqué (pages 72 et 73), et surtout par le fer en deux pièces cité plus bas.

4° *La concavité du fer* lorsqu'elle existe d'un côté à l'autre. — Cette concavité (ajusture) ne doit exister que de la pince aux mamelles; de celles-ci jusqu'aux éponges, les branches du fer doivent avoir leur face supérieure très plane et très unie, afin de permettre aux talons de s'ouvrir en glissant un peu sur cette face.

5° *La sécheresse de la température.* On comprend que la sécheresse diminue la quantité des liquides contenus dans la corne et par suite le volume de cette même corne. — Lorsque le sabot est disposé au resserrement, pendant les temps secs, il faut passer les pieds à l'eau ou les lotionner deux ou trois fois par semaine, et les graisser avant qu'ils ne soient secs; ces deux moyens réunis contribuent activement à entretenir dans le sabot la vie et la souplesse. (A l'état de liberté, la pluie, la rosée et la fraîcheur du sol humectent le pied).

6° *Le fer chaud tenu trop longtemps sur le pied* agit dans le même sens que la sécheresse, mais avec plus d'énergie. — On comprend que rien n'est plus facile à l'ouvrier que de poser le fer chaud sur le pied et de l'enlever de suite; ce contact instantané ne doit pas avoir d'autre but que de s'assurer de la manière dont le fer porte sur la corne. Brûler ou ramollir la corne dans le but de la couper plus facilement est un abus qui ne peut s'exercer sur des chevaux d'espèce qu'au détriment du pied.

7° *La râpe passée sur les quartiers.* — La râpe enlève la partie luisante et grasse (gluten) de la corne et elle affaiblit la muraille; on conçoit alors que l'abus de cet instrument doit être proscrit comme toute cause d'altération du pied.

8° L'*excès de hauteur des talons.* — Bien que des talons bas soient un défaut, pour la résistance comme pour les aplombs, on doit éviter un degré d'élévation excessif dans cette partie; les talons trop hauts empêchent la fourchette de trouver sur la litière des points d'appui nécessaires à sa conservation, et bientôt ces talons se rapprochant l'un de l'autre empiètent sur la fourchette jusqu'à l'atrophie de cet organe. La preuve de ce fait est évidente dans un pied dont un talon est plus haut que l'autre, du côté du talon haut la fourchette est toujours plus maigre que du côté opposé.

9° *Les fers couverts.* Les fers couverts, surtout avec les pieds creusés, peuvent conserver des matières corrosives qui dégradent et affaiblissent le dessous du pied. — Il est donc utile de n'employer que des fers découverts pour les pieds ordinaires.

10° *Les étalons atteints d'encastelure.* Dans les chevaux de sang on a des exemples d'hérédité dans les talons serrés. — Alors la prudence indique de ne pas employer ces étalons, et de mettre à pieds nus, au moins pendant une partie de l'année, ceux dont les pieds sont en voie de resserrement.

On a employé et l'on essaie encore le plus souvent sans résultat le *desencasteleur*. Quel que soit l'instrument qu'on emploie et quel que soit le succès qu'on obtienne, il n'en reste pas moins admis que *le mal le plus facile à guérir est celui qu'on a empêché de se produire.*

CHEVAUX QU'ON NE DEVRAIT PAS FERRER.

Jusqu'à ce qu'on ait adopté une ferrure entièrement conservatrice des dimensions du pied, il serait bon qu'on ne ferrât que les chevaux qui en ont un besoin absolu.

En principe, tout cheval qui ne doit pas travailler ou marcher sur les routes ou sur le pavé ne devrait pas être ferré.

C'est un mal, souvent sans remède, de ferrer le

poulain de race ou d'espèce légère avant le complet développement du pied. — Dans le cas de déviation du pied du poulain dans le jeune âge, on peut compter d'abord beaucoup sur la nature, sur une alimentation tonique, et, au besoin, redresser le pied en taillant la corne; mais n'employer la ferrure que lorsque l'urgence est bien constatée. — Quand le pied se dérobe, il faut arrondir le bas de la muraille et attendre l'effet de la croissance; enfin, la ferrure n'est indiquée que lorsque le dessous du pied du poulain devient douloureux pendant la marche.

Tout cheval mis au repos pour cause de maladie devrait être déferré. — Les jeunes chevaux qui subissent l'influence de l'acclimatation se trouveraient bien de la marche à pieds nus sur un sol doux.

Les poulinières et les étalons dont les pieds sont susceptibles d'encastelure, ne devraient être ferrés que lorsqu'ils doivent marcher sur les routes assez longtemps pour boiter.

Sur le terrain généralement sec de la Provence et sur beaucoup d'autres points pendant la belle saison, les mulets, les ânes et certains chevaux employés à l'agriculture pourraient marcher sans fers.

Les chevaux qui ne travaillent qu'au manége pourraient n'être pas ferrés; dans les écoles de cavalerie, ce serait un sujet d'étude. — Si l'animal devient boiteux pur suite de l'usure de la corne, en le ferrant convenablement la boiterie cesse; en Turquie, par suite du manque de fers, nous avons vu cette expérience renouvelée sur un grand nombre de nos chevaux sans qu'il en résultât aucun inconvénient notable.

Chez certains éleveurs, cultivateurs et autres, des chevaux restent en hiver pendant trois ou quatre mois sans que la ferrure soit renouvelée; il serait bon pendant ce temps que les chevaux fussent déferrés (1).

Lorsque les chevaux ne sont pas ferrés, on doit tailler le pied au besoin, surtout en avant, et arrondir l'angle inférieur de la muraille, ce qui diminue la production des éclats de corne (pied dérobés).

(1) L'animal qui n'use pas ses fers en quatre mois pourrait aller pieds nus.

J'ai eu l'occasion d'observer des poulinières et des poulains non ferrés, des chevaux à pieds nus en Turquie, des chevaux d'Afrique, etc. Le pied s'usant un peu chaque jour, ces animaux conservent de bons aplombs; ils ont les mouvements plus aisés, les articulations des membres se conservent mieux, le pied est *exempt de resserrement et de presque toutes les maladies qni peuvent l'affecter.*

J'ai remarqué que le poulain ou le cheval qui a été ferré n'a plus la corne aussi résistante pour la marche à pieds nus que celui qui ne l'a jamais été. La muraille ne redevient dure et polie à sa base que lorsqu'elle est usée jusqu'à la hauteur des traces des rivets. (Voir page 28.)

COUP D'ŒIL

SUR LA

Théorie de l'Ecole de Maréchalerie de Saumur.

Edition de 1850.

Cette théorie est divisée en trois parties : la 1re et la 3e comprennent la description du pied, les accidents auxquels il est exposé, quelques notions sur les maladies en général, et les précautions à prendre pour administrer les médicaments. Ces connaissances très utiles sont bien classées; elles sont exprimées d'une manière simple et tout à fait à la portée des ouvriers maréchaux.

La 2e partie renferme les connaissances essentielles sur la ferrure. Elles sont contenues dans 62 pages que l'on fait apprendre autant que possible littéralement. Soixante-deux pages à apprendre littéralement pour des ouvriers qui doivent avant tout *forger pour devenir forgerons*, c'est beaucoup. — Les prescriptions sur la ferrure des pieds défectueux y sont très longuement détaillées; en les réduisant, on pourrait en rendre la connaissance plus facile, et diminuer un peu l'antipathie qu'éprouvent les maréchaux pour la théorie.

En arrivant dans les corps de l'armée, s'ils ne sont pas d'une certaine force, les élèves maréchaux de Saumur sont souvent l'objet de plaisanteries motivées par l'étendue de leurs études théoriques qu'ils ne rendent et n'appliquent pas toujours assez bien, parce que le mot souvent et le sens leur échappent.

Si la chose n'est pas déjà faite, il serait à désirer que le Manuel de maréchalerie fût revu et simplifié. On pourrait négliger quelques détails sur certains pieds défectueux qui disparaissent avec l'amélioration des races, et s'appesantir sur les pieds ordinaires et surtout sur la manière de les conserver.

Qu'il nous soit permis d'entrer dans quelques détails.

TEXTE DE LA THÉORIE.	REMARQUES.
Page 22. « Corne de la sole... Ses couches extérieures deviennent friables et sèches, et tombent par exfoliation. »	Il n'est donc pas rigoureusement utile que le maréchal pare la sole ailleurs qu'à la place du fer.
Id. « La fourchette forme une espèce de plaque de corne bien moins épaisse qu'on ne le croit ordinairement; elle est molle et flexible et susceptible de s'en aller en lambeaux filandreux. »	C'est un motif de plus pour ne pas l'amincir en la parant. Lorsqu'elle porte sur le sol, sa superficie devient dure. Elle s'use insensiblement, ou des lambeaux se détachent en temps opportun, comme tout ce qui est fait par la nature lorsqu'elle n'est pas contrariée.
Page 23. « Ce sont le corps de la fourchette et les éminences latérales qui font appui sur le sol. »	Oui, lorsque la corne de la fourchette n'est pas enlevée par le boutoir; ce qui en pratique est l'exception.
Page 24. « ... La circonférence inférieure (du pied) dépassera un peu, et posera seule et également sur le sol. »	Ce qui n'est pas d'accord avec la ligne précédente qui admet l'appui de la fourchette. — Il serait à désirer que la théorie indiquât sur quelle largeur moyenne la circonférence du pied peut porter sur le fer. D'après nous, cette largeur peut être d'une fois et demie l'épaisseur de la muraille (voir les chevaux qui marchent sans fers).
Id. « Les pieds postérieurs... les quartiers et les talons sont généralement... plus écartés... que dans les pieds antérieurs. »	Ce qui est malheureusement la vérité; mais il serait important de faire remarquer aux élèves que cette disposition est un mal produit par la ferrure, et non un fait existant dans la nature, où les pieds antérieurs sont toujours les plus larges en quartiers. (Voir les chevaux qui n'ont jamais été ferrés.)

Page 49.
Fers utiles ou usités. 21
Fers utiles peu usités 7
Fers nuisibles........ 20

Total, 48 espèces de fers qui impliquent de bien longs détails, et dont on pourrait supprimer la majeure partie, à la satisfaction des élèves maréchaux.

Page 64. « Le boutoir sert à unir autant que possible la face plantaire et à retrancher une portion de la fourchette, si cela est nécessaire. »

A notre avis, le boutoir ne devrait servir, *règle générale*, qu'à parer la place du fer. Autoriser le retranchement d'une partie de la fourchette, c'est en quelque sorte en autoriser la ruine, parce que, dans cette partie facile à tailler, l'ouvrier ne sait pas s'arrêter à temps.—Il serait bon de préciser les cas rares où il y a nécessité de parer la fourchette ou de s'en tenir à cette prescription de la théorie, page 65: « ... la four-
» chette doit rester intacte; on ne
» doit retrancher que les lambeaux
» qui s'en détachent. »

Page 65. « ... La sole doit être légèrement creusée en pince et en mamelles. »

La nature se charge de cette opération; notre avis est de s'en rapporter à elle. (*Page* **22** *de la théorie* : « La corne de la sole tombe par exfoliation. »)

Id. « Dans l'action de parer, on doit généralement ménager la sole des talons et des arcs-boutants... »

Recommandation sage, mais peut-être pas assez précise pour l'ouvrier; nous préférons les expressions : *parer le pied à plat et seulement à la place du fer.* (Voir à la manière de parer le pied.)

Id. « La garniture est très importante et destinée à augmenter la base de sustentation, à faciliter l'évasement de la paroi et à l'empêcher de s'éclater. »

Il n'est pas démontré que la nature ait fait la base de sustentation insuffisante. « Faciliter l'évasement, etc.; » dans la pratique, c'est précisément le contraire qui se produit; les pieds se resserrent, et quelquefois la muraille se dérobe.

L'utilité de la garniture est reconnue pour protéger les quartiers et les talons faibles, ainsi que pour les pieds dérobés, et pour remédier à certains défauts d'aplombs.

Page 68. «... La rive interne doit être éloignée de la sole de deux à trois millimètres.

Nous désirons un peu moins d'espace, parce que nous faisons porter le pourtour de la sole sur le fer et que nous demandons celui-ci découvert. Cet espace ne doit pas exister en talons où la rive interne devrait s'ajuster bord à bord avec l'arc-boutant.

Page 78. « Pour ferrer un pied pinçard, il faut ménager la pince et parer les talons à fond, afin de rejeter l'appui sur les parties postérieures. »

La cause à peu près unique de ce défaut vient des pâturons trop inclinés; en abattant les talons, on augmente cette inclinaison. Les rayons osseux s'éloignant davantage de la verticale, il est très évident que la fatigue des tendons augmente. Aussi, voit-on l'animal se poser encore plus sur la pince. On peut nous répondre que pour les chevaux bas-jointés, la théorie indique deux moyens pour élever les talons. Ce qui est vrai. Mais chez un cheval pinçard, lorsque le défaut provient du pâturon trop incliné, on devrait appliquer à ce cheval l'article *bas-jointé* de la théorie. On finirait par ne plus répéter : *ce cheval est pinçard, il faut lui abattre les talons*. Ces deux défauts, pinçard et bas-jointé, sont le plus souvent réunis; mais, dans la pratique, il semble que la pensée ne s'arrête que sur un, le *pinçard*.

Page 80. « Pieds à talons bas. La ferrure de ces pieds doit avoir pour

Cette prescription donne à entendre que le maréchal a le pouvoir de rejeter le poids du cheval but de rejeter le poids du corps sur les parties antérieures du pied. Pour cela, etc. »

d'un côté à l'autre, et de lui faire faire son appui tantôt en arrière, tantôt en avant. S'il en était ainsi, on ne devrait pas voir de chevaux pinçards, panards, etc. La nature a ses droits et ses exigences; à notre avis, mieux vaut l'étudier et souvent l'imiter que la contrarier. Lorsque les talons sont bas, il faut les laisser croître.

Page 83. « Pour ferrer le pied trop petit, on doit le parer bien à plat, sans toucher à la sole, ni à la fourchette, ni aux arcs-boutants. »

Ces prescriptions nous semblent parfaites. Puisqu'elles sont bonnes pour les pieds trop petits, elles doivent, par la même raison, être bonnes pour empêcher le resserrement des pieds ordinaires. Alors, pourquoi ne pas les adopter comme *règle générale ?*

Page 87. « Pour ferrer un pied à fourchette maigre, on ménage cette partie en parant le pied, et l'on mettra un fer qui laisse les talons très à l'aise. »

La fourchette maigre se remarque comme il est dit dans la même page 87 : « Dans les pieds encastelés, serrés, petits et étroits. » — Qu'entend-on par mettre les talons des pieds encastelés, serrés, etc., *très à l'aise ?*

Page 106. « Les causes qui font naître la fourchette échauffée sont le plus ordinairement la malpropreté, le séjour trop prolongé à l'écurie, dans l'urine et le crottin; elle peut aussi provenir de vice organique. »

Alors, comment expliquer que ce sont les fourchettes des pieds *de devant* qui sont le plus souvent atteintes d'échauffement, de suppuration et d'atrophie? Dans les régiments, dans la gendarmerie, les pieds de devant du cheval reposent sur de la litière propre. — Tout en admettant plusieurs causes accessoires, telles qu'un séjour trop prolongé à l'écurie, le contact des boues âcres dans certaines villes, un vice organique, notre avis est que la principale cause qui produit les fourchettes échauffées vient de ce qu'on les taille assez pour les affaiblir, ce qui leur ôte en grande partie l'usage de leurs fonctions, et que si, malgré les soins, les pieds contiennent souvent des matières sales, cela tient beaucoup à ce qu'ils sont creusés et garnis de fers trop couverts.

NOMBRE DES ETAMPURES OU DES CLOUS DU FER A CHEVAL.

Le nombre de huit clous a été reconnu nécessaire pour attacher un fer lourd à un pied très grand dont le tissu peut être lâche et mou, et d'où les clous peuvent se détacher. — On conçoit que la même nécessité n'existe pas lorsqu'il s'agit d'un pied qui se trouve dans des conditions opposées, c'est-à-dire d'un pied ordinaire ou d'un pied petit, dont la corne est d'un tissu serré et résistant.

Si l'on considère qu'avec une bonne ferrure la présence des clous est presque l'unique obstacle à la dilatation du pied à l'état normal (pied non resserré), il est évident qu'en diminuant leur nombre on diminue un inconvénient d'autant plus grand que les clous les plus rapprochés des talons sont les plus nuisibles et que ce sont ceux qu'on supprime.

D'après ce principe, nous posons comme règle :

1° Six étampures aux petits fers et aux fers légers;

2° Sept étampures aux fers grands, ou lourds par suite de leur épaisseur;

3° Huit étampures aux fers très grands et pour des pieds à corne molle.

Lorsqu'il y a sept étampures, il doit en exister trois à la branche interne et quatre à l'autre branche. — Lorsqu'un quartier devient faible, rentrant (faux quartier), il est bon de ne mettre que deux étampures du côté de ce quartier; on en met quatre du côté opposé. Dans tous les cas, il faut les rapprocher de la pince dans les fers de devant.

Un fer découvert et léger portant bien sur le pied peut être maintenu avec quatre clous et un pinçon. Nous avons expérimenté ce fait, dont, cependant, il est prudent de ne pas abuser.

NOTIONS GÉNÉRALES

sur la Manière de parer le pied du Cheval.

DIFFÉRENTS CAS D'APLOMBS.

Les diverses altérations des pieds des chevaux sont dues beaucoup moins au fer qu'à la manière de parer le pied. — On taille trop, on cherche trop à rectifier. N'est-il pas illogique d'enlever la partie dure de la corne qui protége la moitié du dessous du pied, sous prétexte que l'autre moitié sera bien garantie par le fer?

La théorie qui prescrit de creuser légèrement la sole en pince et en mamelles, et qui veut que le fer ne porte que sur la muraille, est-elle rationnelle? Oui, pour certains pieds exceptionnels qui doivent être confiés au vétérinaire. Mais dans les pieds ordinaires, les seuls dont nous nous occupons, le fer peut porter sur une largeur égale à une fois et demie l'épaisseur de la muraille. Si la sole est forte, c'est le moyen de la conserver; si elle manque de consistance, elle prend de la force et se joint plus solidement à la muraille. (Voir la sole des pieds qui marchent beaucoup sans fers).

Dans les défauts d'aplombs, le pied fait son appui le plus fort : *en avant, en arrière, en dedans ou en dehors.*

Un cheval est pinçard du devant; les causes les plus fréquentes sont: le manque d'énergie, la faiblesse des reins ou le manque de jeu des épaules. Dans ce cas, l'avoine et l'exercice feront plus que le maréchal.

Le cheval est pinçard du derrière, c'est à peu près toujours par suite des pâturons trop inclinés; on pare les talons à fond et naturellement le mal augmente.

Un cheval fait son appui trop en talons. La cause est due le plus souvent (dans les pieds non malades) au jeune âge ou au manque de soutien des boulets. Une alimentation tonique et l'exercice feront plus que la ferrure.

Un cheval est panard, l'appui le plus fort est en

dedans; si la défectuosité réside dans le pied seul, la ferrure peut y remédier. Mais si le mal vient du haut du membre, l'avoine et l'exercice pourront, dans ce cas encore, faire plus que la ferrure. Si la déviation part du boulet ou du genou, il y a peu de remède. — Pour le coup d'œil, on peut lever le pinçon un peu du côté de la mamelle interne, le membre alors se présente mieux.

Un cheval fait son appui le plus fort en dehors; il est cagneux. Si la défectuosité vient du sabot, la ferrure peut y remédier; si cette direction tient à la disposition des os des membres, ce qui est le plus ordinaire, on ne peut que diminuer le mal. Pour le coup d'œil, dans ce cas, levez le pinçon un peu du côté de la mamelle externe.

Pour les quatre cas précédents, nous donnons comme *règle générale* de faire garnir le fer autant que la chose est possible, du côté où se produit l'appui le plus fort, ferrer juste et redresser la muraille du côté opposé.

Dans les pieds sujets à se dérober, le maréchal, pour le fini de son travail, cherche comme toujours à bien faire porter sur le fer le bord inférieur externe de la muraille. Cela est nuisible en ce sens que cette partie du sabot est celle qui croît le plus promptement, et que, dès qu'elle porte seule, son défaut de consistance fait que de nouveaux éclats de corne se détachent.

Quelques personnes pensent que les pieds dérobés doivent marcher longtemps sans qu'on renouvelle la ferrure, afin d'avoir plus de corne à tailler, et, par ce moyen, pouvoir plus facilement niveler le bord de la muraille. On arrive à un résultat opposé : les pieds continuent de se dérober, ce qui s'explique par la croissance plus prompte du bord inférieur externe de la muraille et son défaut de consistance dans ces sortes de pieds.

Lorsque les aplombs du cheval sont réguliers, il est évident que le pourtour du pied doit être paré également. S'ils sont défectueux, il faut chercher à redresser le membre avec modération en observant que mieux vaut imiter la nature que la contrarier; que plus le cheval use ses fers également, plus les articulations conservent de force, de souplesse et d'aisance; que plus les os des membres sont perpendiculaires, plus ils supportent la masse sans fatigue pour les tendons; et que dès que les pâturons inclinés à 45 degrés (pour faciliter les mouvements) sont plus penchés et forment en arrière un angle inférieur à ce chiffre, il devient utile de conserver les talons plus ou moins hauts, c'est ce que fait souvent la nature dans les pieds nus pour diminuer les tiraillements des tendons de soutien. Dans la pratique, on remarque souvent le contraire. Avec des pâturons trop inclinés, sous prétexte que les pieds sont pinçards, on pare les talons à fond; alors, le malheureux animal, pour diminuer ses douleurs, se met tout à fait sur la pince et va lentement, tortillant ses jarrets devenus sans impulsion faute de points d'appui suffisants.

Il ne faut pas trop compter sur la ferrure pour faire disparaître complètement certaines défectuosités d'aplombs. Nous citerons deux cas : 1° Le cheval à membres en pieds de banc. On arrive en voulant le redresser à le rendre cagneux du pied, de sorte qu'on obtient deux défectuosités pour une; 2° le cheval pinçard du derrière par suite de l'inclinaison outrée des pâturons; en parant à fond le derrière du pied, on obtient des pieds pinçards à un plus haut degré. La nature agit directement en sens inverse; le pied pinçard mis à nu ne s'use d'abord qu'en pince jusqu'à ce que le dessous du pied ait pris le niveau exigé par la disposition des articulations du pâturon.

Lorsqu'un cheval est légèrement pinçard et qu'il a les talons d'une hauteur convenable, il suffit de le faire marcher à pieds nus pendant quelques jours pour voir ce défaut disparaître. Il faut ensuite rattacher les fers sans tailler les pieds, et se borner à unir la place du fer avec la râpe.

Lorsqu'on a l'intention de corriger un défaut d'aplomb par la ferrure, il est très important d'observer que les deux quartiers d'un pied doivent avoir la même hauteur. En sortant de cette règle, on s'expose aux inconvénients d'un remède pire que le mal. C'est aussi ce qui a lieu lorsqu'on abat les talons à fond.

PARER LE PIED.

Règle générale : parer à plat (1) et seulement à la place du fer, en ayant soin de laisser aux talons le degré de hauteur voulu pour les aplombs.

Il faut laisser assez d'épaisseur à la sole pour faire porter son bord externe sur le fer. (V. pages 30 et 40.)

Les arcs-boutants doivent porter légèrement sur la rive interne de l'éponge du fer et être parés avec le boutoir tenu toujours à plat. Le rogne-pied, trop souvent employé dans cette partie, dégrade la corne, qui, à partir des pointes de la sole, éclate et se casse facilement.

On ne devrait parer la fourchette que dans les trois cas suivants : 1° la pointe, lorsque celle-ci est trop saillante; 2° les bords externes, lorsque, par exception, ils recouvrent en partie les lacunes du sabot, le boutoir tenu alors presque sur champ; 3° la partie inférieure, mais seulement dans le cas

(1) Excepté la pince, qui doit être en rapport avec l'ajusture du fer.

très rare où cette partie dépasserait le niveau de la face inférieure du fer, ce qui ne peut arriver qu'après avoir beaucoup raccourci un pied très long.

En parant la pointe trop saillante de la fourchette, on évite qu'un lambeau trop fort ne se détache de cette partie. En parant ses côtés, lorsqu'ils recouvrent en partie les rainures du pied, on facilite le moyen de le nettoyer. La fourchette qui dépasserait le niveau inférieur du fer aurait trop d'appui à supporter.

Lorsqu'il y a des clapiers, il est bon de se rappeler que le meilleur moyen de guérir et de fortifier la fourchette est de la faire porter sur la litière et sur la terre, et de ne pas oublier les soins de propreté.

Dans les pieds en voie de resserrement, les deux talons se rapprochent l'un de l'autre, et se terminent ordinairement par deux pointes comprimant la base de la fourchette. Il faut faire alors une incision qui émousse ces pointes en prolongeant directement les deux lacunes du sabot; cette incision est aussi très utile, lorsqu'une partie de la corne de la base postérieure de la fourchette passe aux talons; dans ce cas, cette incision sert de limite aux talons et rend à la fourchette sa corne, et l'espace qui lui est nécessaire. Dans cette petite opération, le boutoir doit être tenu sur champ ou il faut employer un autre instrument et s'arrêter à temps, afin de ne pas affaiblir la petite muraille qui forme l'arc-boutant. On conçoit alors que la fourchette puisse se conserver et même s'élargir, surtout si elle peut porter sur la litière ou sur un sol doux.

Lorsque la fourchette est maigre, étroite à sa base, il est bon également de lui faire une place un peu large en émoussant la partie interne des talons. Ce moyen doit contre-balancer l'effet des clous qui diminuent la dilatation du pied dans l'appui; c'est surtout dans les pieds des chevaux de race, et pendant les longues sécheresses, qu'on aura l'occasion de l'employer.

Les pieds dérobés demandent à être ferrés souvent, afin que le bord inférieur de la muraille ne porte pas seul sur le fer.

Les bons pieds, qui usent le fer en moins de six

semaines, sont raccourcis à chaque ferrure. Les chevaux qui usent peu le fer doivent néanmoins, pour être remis sur leurs aplombs, avoir les pieds raccourcis au moins tous les quarante jours.

Lorsqu'on emploie le fer à éponges tronquées, on doit ne parer strictement que la place du fer, et renouveler la ferrure assez fréquemment pour conserver les aplombs. Il est à remarquer qu'avec ce fer la garniture déplaît à l'œil.

CONDITIONS D'UNE BONNE FERRURE.

Pour la conservation du cheval, un pied est bien ferré :

1° S'il a conservé sa forme et ses dimensions naturelles; les pieds de devant plus ronds et plus larges que ceux de derrière;

2° S'il n'est ni trop long ni trop court;

3° Quand le fer, garnissant modérément en dehors, est fixé autant que possible par six clous rapprochés de la pince dans les pieds de devant;

4° Si les éponges ne dépassent pas les talons des pieds de devant, excepté pour certains chevaux de gros trait;

5° Quand la face supérieure du fer est bien unie avec de l'ajusture vers la pince seulement, et que l'épaisseur ou le poids du fer est en rapport avec la manière de marcher du cheval et avec la nature de la corne du sabot;

6° Lorsque le fer est découvert l'angle supérieur de la rive interne chanfreiné, cette rive ne portant sur la corne qu'en talons, s'ajuste bord à bord (1) avec les arcs-boutants laissés forts;

7° Quand les parties du dessous du pied, non couvertes par le fer, sont laissées dans toute leur force;

8° Lorsque, dans le cas d'une muraille sujette à se dérober, son angle inférieur ne porte pas sur le fer nouvellement posé;

9° Enfin si le pied n'est râpé ni au-dessus ni en arrière des rivets (2) excepté lorsqu'il y a des aspérités à faire disparaître; dans ce cas, il est utile d'employer les corps gras après avoir râpé.

AVANTAGES DE LA FERRURE PROPOSÉE.

Avec les modifications proposées, le maréchal a moins de corne à tailler. Le fer ayant plus de points d'appui sur le sabot, l'attache des premiers clous est plus facile, et la muraille est moins su-

(1) Pour cela, l'éponge interne est nécessairement étroite.

(2) Lorsque la corne est bonne, ne pas brocher les clous trop haut.

jette à se dérober; le fer est moins vacillant, et comme il est plus étroit des branches, il peut être plus léger. Le cheval est moins disposé à glisser.

Mais le plus grand avantage, c'est la *conservation des dimensions du pied.* Par conséquent, on n'a pas à redouter : l'amaigrissement de la fourchette, l'encastelure, le resserrement des talons, le crapaud (1), certaines boiteries. Les pierres ne peuvent trouver place sous le bord interne du fer, les clous de rue sont plus rares et moins pénétrants, le poser et l'appui sont francs; enfin, on a moins d'aplombs défectueux et moins de genoux couronnés.

Avec cette ferrure, les deux lacunes du sabot restant à découvert, le pied est facile à tenir propre. Le dessous du sabot conservant sa force naturelle, si le cheval perd un fer, il peut encore marcher quelque temps sans grand inconvénient.

Résumé : *durée du cheval plus longue.*

(1) Sauf le cas très rare de causes intérieures.

FERRURE EXCEPTIONNELLE

particulièrement destinée aux chevaux d'Afrique.

Tout ce qui a été dit dans les articles précédents relativement à l'encastelure pourrait suffire pour les chevaux français en général. Il nous reste à indiquer un moyen applicable particulièrement aux chevaux du bassin de la Méditerranée, notamment à ceux de l'Algérie et de la Camargue. Ces animaux ont la corne d'une nature excellente. Et cependant, c'est en parlant des chevaux d'Afrique qu'on a pu dire : « Leurs pieds ne résistent pas en France!» Y a-t-il contradiction, ou cette accusation porterait-elle à faux ?—Hâtons-nous de le dire : c'est dans la ferrure qu'on leur applique qu'il faut rechercher la cause du mal capital qui les atteint, l'*encastelure*.

La ferrure ordinaire n'ayant pas atteint le but

proposé dans les chevaux d'Afrique, il y a lieu d'essayer d'une ferrure plus en harmonie avec la nature de leurs pieds. L'expérience prouve que les pieds les mieux organisés pour la marche sans fers sont plus que d'autres exposés au resserrement, lorsqu'on leur applique une ferrure qui ne convient qu'à des pieds moins solides.

La ferrure exceptionnelle proposée pour les chevaux de l'Algérie est justifiée par la grande différence qui existe entre les pieds de ces chevaux et ceux des chevaux du nord. En effet, dans les chevaux d'Afrique, le pied est plutôt petit que grand, il est assez concave et sa corne est dure et résistante.

Dans les chevaux du nord, le plus souvent, le pied est large, parfois un peu plat; sa face inférieure, plus ou moins molle, est incapable de résister sans fers, même sur les terrains les plus doux; chez ces derniers, la corne formée d'un tissu un peu lâche cède aux effets de l'appui, pendant que, chez les premiers, la marche à pieds nus est presque une habitude normale; et l'application de la ferrure ordinaire, jointe à l'influence de la sécheresse de la température, oblige la corne solidement liée d'opérer sur elle-même une espèce de rétraction.

Fer en deux pièces et à éponges tronquées. Ce fer n'est pas sans doute de nouvelle invention, mais comme il ne convient qu'à des pieds dont la corne est très résistante, son usage est peu répandu.

Pour les chevaux des bords de la Méditerranée-le fer en deux pièces à éponges tronquées pourrait être confectionné ainsi: Les deux bandes qui constituent ce fer doivent être séparées en pince, par une petite distance; ces bandes doivent avoir seulement deux centimètres de largeur vers la pince et environ un centimètre et demi aux éponges, lesquelles s'incrustent en avant des talons; ces bandes étroites doivent porter sur la corne par toute leur face supérieure, l'angle interne de cette face abattu (chanfreiné); les branches doivent d'autant moins couvrir les talons (être plus courtes) que ceux-ci sont plus hauts et plus disposés à se rapprocher l'un de l'autre.

Si l'on juge à propos de lever un pinçon, à chaque branche, à l'angle de la pince, on pourra le faire sans chercher à rapprocher ces deux pinçons l'un de l'autre et sans se préoccuper de l'inconvénient insignifiant résultant de l'usure qui pourra se produire à la corne entre les deux pinçons.

Le peu d'étendue des branches, leur manière de porter sur le pied et la qualité de la corne permettent d'essayer, dans certains cas, de ne pratiquer à chaque branche que trois étampures peu espacées.

Ce fer paraîtra couvrir bien peu le dessous du pied; mais il est logique de mettre sous le pied du cheval d'autant moins de fer que le sabot est plus résistant, et qu'on sait que la nature de la corne des talons les empêche de se dérober.

Au lieu du fer en deux pièces, lorsque la nature du terrain le permet, on peut aussi imiter les Arabes en faisant marcher les chevaux d'Afrique à pieds nus, au moins pendant une partie de l'année.

FERRURE

nommée par certains maréchaux Ferrure de luxe.

Avec cette ferrure :

1° Le pied est rendu un peu petit (très nuisible),

2° Les rivets sont bien faits et à la même hauteur;

3° La rive externe du fer est très régulière;

4° Le fer est très juste en dedans, garnissant suffisamment en dehors, sa rive externe est chanfreinée sur toute l'étendue de la garniture;

5° L'angle inférieur de la muraille porte bien sur le fer (nuisible seulement lorsque la corne est sujette à se dérober).

6° La muraille est bien râpée (nuisible).

7° Le dessous du pied est taillé jusqu'au vif, creusé, dégagé (très nuisible); le boutoir fait alors une belle coupe; en sortant de la forge, cette coupe plaît à l'œil lorsque le pied est levé.

L'angle interne d'une éponge s'étend parfois jusque sur la fourchette qui supporte alors l'appui constant des arêtes saillantes de cet angle ; c'est un obstacle au passage du cure-pied dans les lacunes du sabot, et un moyen de maintenir en place les pierres qui s'introduisent dans ces lacunes.

QUESTIONS ET RÉPONSES.

Pourquoi dans les chevaux d'espèce, à partir de quatre à huit ans, les pieds de devant sont-ils plus étroits en quartiers que ceux de derrière, lorsque la nature veut toujours le contraire ?

De ce qu'il est reconnu que le bas de la muraille réclame la protection du fer pour résister aux terrains empierrés et à l'humidité, s'ensuit-il qu'il faille creuser le pied ? En d'autres termes, fait-on bien d'enlever la corne protectrice des parties que le fer ne doit pas couvrir ?... Le maréchal tient à enlever la corne morte parce que, sous ce prétexte, il se donne le plaisir de tailler dans le vif, ce qui pour lui fait un travail plus propre. Mais ici la nature n'a pas besoin d'auxiliaire ; elle se débarrasse de la corne morte comme, dans certains végétaux, elle rejette les parcelles d'écorce devenues inutiles. Si un lambeau de corne se détache parfois de certaines fourchettes, tout homme peut l'enlever avec l'aide d'un couteau, ou même sans instrument. Nous répétons souvent à notre maréchal : *Parez à plat et à la place du fer seulement*; laissez faire la nature pour le reste.

Voulez-vous, dira-t-on, supprimer la concavité naturelle du pied ? Non, car elle est augmentée en hauteur par l'épaisseur du fer, et elle sera d'autant plus augmentée en largeur que le fer sera plus découvert.

La fourchette portera trop sur le sol, dit-on. Elle n'en sera que plus forte; elle est naturellement moins dure que le fer, elle s'use donc plus vite et laisse toujours au fer le principal appui.

Nous accusera-t-on d'avoir exagéré le mal ? Nous pourrions répondre : Assistez aux ventes des chevaux de réforme et vérifiez par vous-même. Nous avons vu nombre de fois les quatre cinquièmes des chevaux de réforme avoir les pieds encastelés ou les talons serrés.

Une enquête prouverait que le resserrement des pieds des chevaux est très préjudiciable à une grande partie de la gendarmerie française et à beaucoup de régiments, etc. Cette affection, il est vrai, n'enlève pas les chevaux comme le fait la morve, mais elle cause des douleurs, détruit les aplombs, produit des seimes, occasionne des chutes et met en définitive un grand nombre d'animaux hors de service avant le temps assigné par la nature.

Si le cheval qui a les pieds resserrés pouvait parler, nous pensons qu'il tiendrait à peu près ce langage : J'avais à trois ans, sous le derrière du pied, une voûte forte, mobile et faisant ressort; c'était l'ouvrage du Créateur ! En voulant mieux faire, vous l'avez transformée et rendue immobile comme une voûte en pierres; les conséquences en sont pour moi compression et douleur.

Conclusion.—Lorsqu'on veut réformer la nature, on tombe dans les excès. La nature indique la vérité, la mode propage trop souvent l'erreur.

Résumé des règles principales : Parer le pied à plat et seulement à la place du fer. Employer le fer découvert pour les pieds ordinaires. Au besoin, faire d'abord usage de l'eau et ensuite des corps gras.

Pour se convaincre de l'utilité de notre méthode,

il est bon de faire sur des pieds non resserrés l'expérience de la ferrure ci-dessus indiquée. — C'est en imitant la nature et en expérimentant sans prévention que l'on peut arriver à découvrir la vérité.

Lorsqu'il y a du doute, il faut ferrer pendant quelque temps un pied de devant en le dégageant, etc., et ferrer l'autre pied d'après les indications qui précèdent. Pendant le repos, l'animal indiquera le mieux ferré en se portant de préférence sur ce pied. Quant aux dimensions et aux aplombs, il suffira dans la suite de comparer les talons des deux pieds et la direction des deux membres pour constater les résultats obtenus.

Nota. — Pour les pieds défectueux ou malades, on doit avoir recours au vétérinaire.

UN MOT SUR LES APLOMBS A L'ÉCURIE.

Bien que cette question soit étrangère à la ferrure, son importance m'a engagé à en dire quelques mots.

Pour les aplombs, il est bon qu'à l'écurie le cheval soit sur une litière horizontale.

Un ancien préjugé veut que le cheval ait à l'écurie le devant plus haut que le derrière. Dans cette attitude, le cheval plaît à l'œil; mais s'en trouve-t-il bien? Nous avons eu en campagne la preuve contraire. Dans des camps établis sur un sol incliné, aussitôt que les chevaux avaient mangé leur fourrage placé en amont, ceux qui étaient fatigués sur leurs boulets de devant faisaient demi-tour pour se placer le devant en aval (1). — Observez deux chevaux fatigués dans une écurie creusée

(1) Les chevaux, dans ce cas, étaient attachés par un pied de devant.

sous les pieds de derrière. Lorsqu'ils auront mangé, l'un reculera au bout de sa longe, l'autre se placera le long de la mangeoire, ou fera comme son voisin; ils auront trouvé le plan voulu par la nature, car il est évident qu'elle a donné au corps du cheval une direction horizontale.

Ce qui pourra étonner quelques personnes, c'est que le cheval ayant à l'écurie le derrière en bas, c'est du devant qu'il s'use le plus promptement.

Il est vrai que si l'on pose un banc sur un plan incliné, un bout en haut et l'autre en bas, les deux pieds du banc qui seront en bas seront plus chargés que les autres; ils porteront plus de la moitié du poids du banc. Mais, dans ce cas, il est bon de remarquer que les pieds du banc sont perpendiculaires au plan sur lequel ils sont posés, pendant que les membres d'un cheval, dans la même situation, sont perpendiculaires à l'horizon. Si l'animal plaçait ses quatre membres perpendiculaires au plan incliné, comme les pieds d'un banc, il serait condamné à des contractions musculaires rendues impossibles par leur persistance obligée, ou il perdrait l'équilibre et ferait une chute dans le sens de la pente. C'est exactement ce que ferait aussi le banc si ses pieds étaient fixés à leur partie supérieure par des jointures mobiles.

Si, sur un sol incliné, on place un cheval, un côté en amont et l'autre en aval, ce sera encore les deux membres placés en haut qui se fatigueront le plus. Ceux du bipède latéral, du côté opposé, se trouveront trop courts pour supporter la moitié de la masse du corps. Ce principe s'applique également à l'homme qui pose ses pieds, à côté l'un de l'autre, sur deux degrés différents (les jarrets tendus).

Non-seulement les deux membres placés en haut sont les plus chargés; mais, en affectant la direction perpendiculaire pendant que leur base (le pied) pose sur une surface inclinée, les os des membres ne portent plus régulièrement les uns sur les autres. Les genoux, et surtout les boulets se portent en avant (le devant étant en haut), l'animal perd ses aplombs et passe bientôt pour un cheval plus ou moins usé, alors même qu'il n'a jamais travaillé.

S'il restait quelques doutes basés sur l'analogie

que des cavaliers trouvent entre l'homme couché et le cheval dans la même position, il faudrait se rappeler que la nature a fait l'homme pour marcher dans la position verticale, pendant que le tronc du cheval est fait pour occuper une direction horizontale. Ainsi, il est manifeste que, lorsqu'on a l'intention de faire goûter du repos au cheval ou de conserver ses membres dans une bonne direction, le sol le plus convenable est une bonne litière horizontale.

On a pu remarquer dans ce travail que j'ai cherché, avec une persévérance soutenue, la vérité dans la nature et dans les faits. — J'essaie de vulgariser des notions que je crois destinées à rendre des services, et je serai heureux si elles peuvent provoquer de nouvelles recherches de la part de quelques hommes compétents.

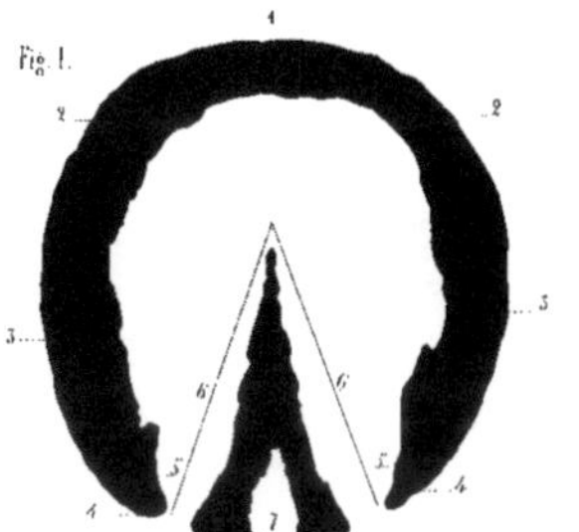

Empreinte d'un pied fait par la Nature. fig 1

FIG. 1. — **Empreinte d'un pied à l'état NORMAL**, produite par un pied gauche de devant paré à plat, et posé à nu sur le papier après avoir eu la face plantaire enduite d'une couche d'encre.

1 Trace de la pince;
2 id. des mamelles;
3 id. des quartiers;
4 id. des talons. Les points de jonction de la fourchette, et la partie arrondie des talons ne laissent pas d'empreinte sur un sol dur, excepté dans le jeune âge;
5 Indication de la partie postérieure des arcs-boutants devant s'ajuster bord à bord avec la rive interne des éponges du fer;
6 Indication des barres du sabot;
7 Vide de la fourchette.

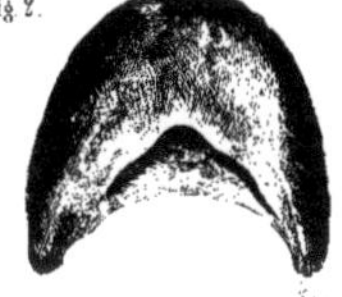

FIG. 2. — Face plantaire de l'os du pied.

Cet os, avec la couche de chair cannelée qui l'entoure, trouve sa place dans le sabot qui a produit l'empreinte, fig. 1. — Mais lorsque le sabot passe à l'état de pied encastelé, fig. 3, quelle forme prend cet os et que deviennent les nombreux vaisseaux (1) et les nerfs situés sur ses côtés? — Nous laissons aux optimistes en matière de ferrure le soin de répondre à cette question.

(1) [illegible]

Empreinte d'un pied déformé par la ferrure.

FIG. 3. — **Empreinte d'un pied ENCASTELÉ** (pied droit de devant), obtenue par les moyens indiqués figure 1.

Le pied étant très creux, bien que paré à plat, la circonférence seule a laissé son empreinte sur le papier.

La fourchette est très petite, irrégulière; elle se trouve à environ 15 millimètres du sol, de sorte qu'elle ne peut laisser aucune trace de son appui.

L'arc-boutant a presque disparu du côté externe; du côté opposé il en reste une partie qui a laissé sa trace.

Les articulations des membres sont portées en avant, le genou est couronné.

On croirait difficilement que ce pied avait, la première fois qu'on l'a ferré, la même forme et à peu près les mêmes dimensions que celui de la figure n° 1.

Les deux chevaux auxquels appartenaient ces pieds (fig. 1 et 3) étaient de la même espèce, et ils étaient presque de la même taille, 1m54.

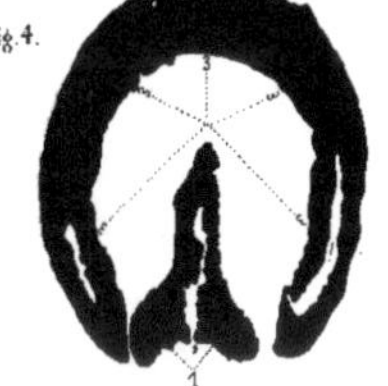

FIG. 4. — Empreinte du pied gauche de devant d'un cheval corse âgé de vingt ans, taille de 1m30. Il marche à pieds nus depuis dix-huit mois. — Ce petit cheval était pinçard du derrière, couronné. Il a cessé d'être pinçard après vingt-cinq jours de repos et d'exercice modéré à pieds nus. — Il n'était pas solide sur son devant lorsqu'il était ferré; depuis qu'il est sans fers, ses mouvements sont plus légers et il n'a jamais bronché sous son jeune cavalier.

N° 1. — Base de la fourchette. Elle a repris sa force normale, un appui assez large se produit dans cette partie.

2. — Partie de la sole affaiblie d'ancienne date et mal jointe à la muraille du quartier interne.

3. — Pourtour de la sole concourant à l'appui. — La nature est ici en opposition avec les théories qui veulent que la sole ne porte pas, et qui prescrivaient de la creuser légèrement en pince et en mamelles; on remarque, au contraire, que c'est dans ces deux parties que les points d'appui de la sole ont le plus d'étendue.

www.ingramcontent.com/pod-product-compliance
Ingram Content Group UK Ltd.
Pitfield, Milton Keynes, MK11 3LW, UK
UKHW020933180726
13838UKWH00002B/915

9 782329 354194